L'ÉNERGIE SOLAIRE

IAN GRAHAM

GAMMA • ÉCOLE ACTIVE

LES ÉNERGIES EN QUESTIONS

L'énergie solaire
L'énergie nucléaire
Géothermie et bioénergie

Dépôt légal : septembre 1999. Bibliothèque nationale.
ISBN 2-7130-1872-2.

Exclusivité au Canada :
Éditions École Active
2244, rue de Rouen, Montréal, Qué. H2K 1L5.
Dépôts légaux : 2e trimestre 1999.
Bibliothèque nationale du Québec,
Bibliothèque nationale du Canada.
ISBN 2-89069-597-2.

Loi n° 49-956 du 16 juillet 1949
sur les publications destinées à la jeunesse.

Imprimé en UE.

Crédits photographiques
Couverture : Tony Stone/Getty Images (Nadia Mackenzie), page 5 (Mitch Kezar. US Department of Energy : page de titre, pages 4, 7, 22-23, 32-33, 34 (bas), 41. Ecoscene : pages 10, 25 (Brown), 30 (Erik Schaffer), 35 (John Farmar). James Davis Travel Photography : pages 9, 20-21. Frank Lane Picture Agency : pages 10 (inset : D. Kinzer), 16-17 (Don Smith). Ole Steen Hansen, Danemark : page 13. Eye Ubiquitous : pages 12 (Brian Harding), 18 (Mark Newham), 44 (NASA). Mary Evans Picture Library : page 14. Stockmarket/Zefa : pages 15, 26, 36, 40-41 (Joe Sohm). UKAEA/AEA Technology : pages 19, 24, 31, 36-37. Ole Steen Hansen : pages 28, 29 (haut). Shell Photo Library/Solavolt International : page 29 (bas). James Hawkins/Oxfam UK : pages 38-39.

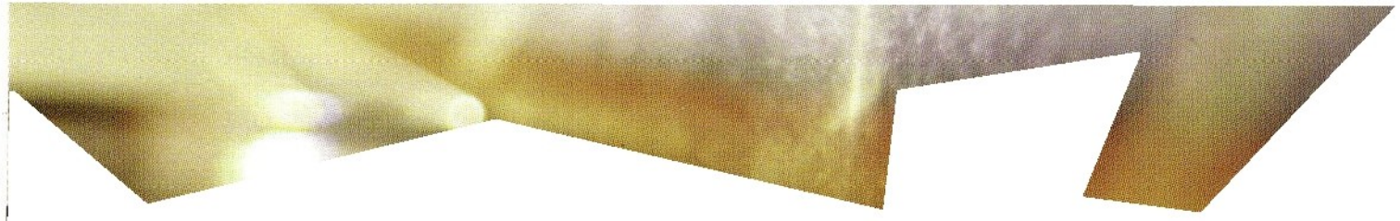

Introduction

Tous les quarts d'heure, la Terre reçoit du Soleil assez d'énergie pour alimenter notre planète pendant une année ! Si nous pouvions utiliser la lumière solaire pour satisfaire nos besoins énergétiques, nous n'aurions plus à brûler des combustibles fossiles (le charbon, le pétrole et le gaz) ou à construire des centrales nucléaires.

Pourtant, seule une infime fraction de l'énergie que nous consommons vient directement de la lumière solaire. L'électricité produite à partir de cette énergie est onéreuse, mais son coût diminue grâce aux progrès technologiques. Les combustibles fossiles sont très utilisés car, en brûlant, ils libèrent très facilement l'énergie qu'ils ont emmagasinée. Mais ils sont très polluants. Quant à l'énergie nucléaire, elle produit des déchets radioactifs dont il est difficile de se débarrasser en toute sécurité.

Des sources d'énergie renouvelable

Les sources d'energie telles que la lumière solaire, le vent et la marée sont qualifiées de renouvelables, car elles ne s'épuisent jamais, elles se renouvellent sans cesse. Le charbon, le pétrole et le gaz naturel finiront un jour par s'épuiser. Il se pourrait que les réserves de pétrole soient épuisées dans moins de 50 ans, celles de gaz naturel dans 65 ans et celles de charbon dans 300 ans.

Pour ces raisons, l'importance des sources d'énergie renouvelable, qui sont également moins dangereuses pour l'environnement, va certainement s'accroître au XXIe siècle. Ce livre présente l'histoire, la technologie et l'avenir de l'énergie solaire.

Cette plate-forme expérimentale construite en mer appartient à la marine américaine. Elle est alimentée par deux formes différentes d'énergie renouvelable. L'énergie nécessaire aux instruments et aux expériences est produite par des panneaux solaires (au premier plan) et par une turbine éolienne.

Un enfant profite de la chaleur et de la lumière du Soleil en jouant sur une plage. La vie sur Terre n'est possible que grâce à l'énergie solaire.

EN SAVOIR PLUS

L'énergie est différente de la puissance. L'énergie est la capacité à produire un travail. La puissance est la quantité de travail fournie par unité de temps. L'énergie se mesure en joules, la puissance en joules par seconde ou watts. Une ampoule de 200 watts est deux fois plus puissante qu'une de 100 watts et consomme l'énergie deux fois plus vite.

Le soleil, source d'énergie

Un réacteur nucléaire dans l'espace

Le Soleil est un gigantesque réacteur nucléaire. Les réacteurs nucléaires que nous fabriquons sur Terre utilisent l'énergie libérée lors de l'éclatement de noyaux d'atomes lourds d'hydrogène. Cela s'appelle la fission nucléaire. Le Soleil est un réacteur nucléaire de type différent en raison de sa taille et de sa constitution. Le Soleil est si gros que plus d'un million de Terres pourraient loger à l'intérieur. Même s'il est composé en plus grande partie d'hydrogène, le plus léger des éléments, sa grande taille crée d'énormes pressions jusqu'en son centre. Ces pressions produisent de très hautes températures.

Une langue de flammes solaires se déroule dans l'espace sur des milliers de kilomètres. De violentes éruptions solaires, appelées protubérances ou flammes, libèrent de considérables quantités d'énergie et de particules. Une petite éruption peut être aussi puissante qu'un million de bombes à hydrogène.

La fusion nucléaire

Des noyaux atomiques légers (les particules au centre de l'atome) entrent en collision à si grande vitesse qu'ils s'unissent et forment un nouveau noyau plus lourd.

Cette collision libère de l'énergie. Dans la réaction de fusion montrée ici, un noyau atomique d'hydrogène entre en collision avec un noyau de deutérium. Ils s'unissent pour former un noyau d'hélium et libèrent de l'énergie et une particule appelée neutron.

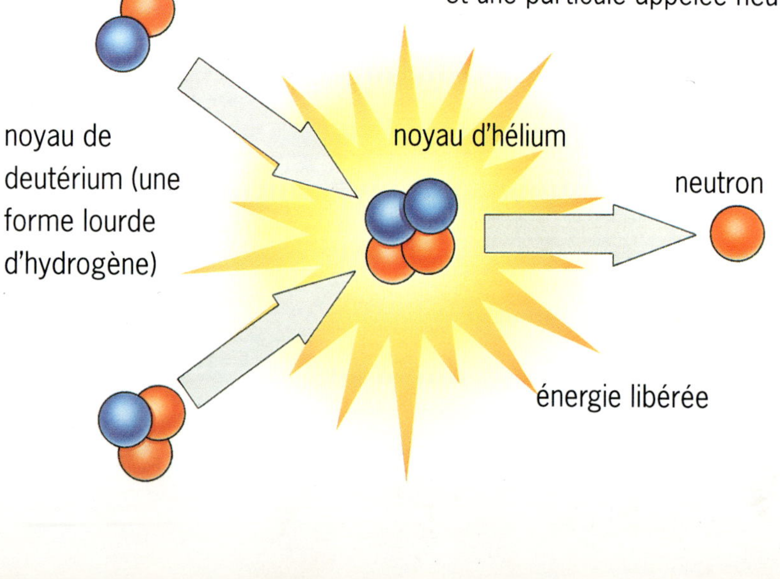

La fusion nucléaire

Au centre du Soleil, des atomes d'hydrogène entrent en collision avec une force telle qu'ils s'unissent pour former un élément différent, l'hélium. Ce type de réaction, appelée fusion nucléaire, libère d'énormes quantités d'énergie. La plus grande partie de cette énergie est projetée dans l'espace, dans toutes les directions, sous forme de rayonnement lumineux. Après un voyage d'environ 150 millions de kilomètres à travers l'espace, seule une petite fraction de cette énergie solaire parvient à la Terre.

EN SAVOIR PLUS

La fusion nucléaire se produit quand deux noyaux atomiques légers s'unissent pour en former un plus lourd. Il est difficile de provoquer cette union, car les noyaux doivent entrer en collision à très grande vitesse. Les atomes se déplacent plus vite à haute température. La fusion nucléaire exige une température de dix millions de degrés. Dans le système solaire, de telles températures ne se rencontrent qu'au centre du Soleil. Pour provoquer la fusion nucléaire en réacteur, on utilise une combinaison de champs électriques et magnétiques puissants.

L'énergie solaire est une combinaison de chaleur et de lumière que nous exploitons toutes deux. Ici, un système de miroirs concaves concentre les rayons du Soleil sur un tuyau transparent. Par ce tuyau, on pompe de l'eau polluée dans le sol. On ajoute un produit chimique qui, activé par la lumière solaire, détruit les éléments polluants contenus dans l'eau.

Comment l'énergie solaire nous parvient-elle ?

L'énergie du Soleil doit parcourir des millions de kilomètres d'espace quasiment vide pour atteindre la Terre. À la différence du son qui a besoin d'un support matériel pour voyager, la lumière et la chaleur peuvent voyager dans un vide absolu.

Les ondes électromagnétiques

La chaleur et la lumière sont une combinaison d'ondes électriques et magnétiques. Comme une vague, une onde électromagnétique a des crêtes et des creux. Quand la partie électrique de l'onde chute, la partie magnétique s'élève. Puis, la partie magnétique retombe et la partie électrique remonte et ainsi de suite. L'onde voyage jusqu'à ce qu'elle rencontre un obstacle. Quel que soit cet obstacle - l'atmosphère de la Terre, le sol, une feuille d'arbre ou vous - l'onde est absorbée ou réfléchie.

L'absorption de l'énergie solaire
La majeure partie de l'énergie solaire, qui parvient à la Terre, est absorbée par les océans et les terres les plus proches de l'équateur. Cette énergie chauffe les grandes masses terrestres de l'Afrique, du sud-est de l'Asie et du nord-ouest de l'Australie, si intensément que la plus grande partie de l'eau de surface s'évapore en laissant des déserts de sable très chauds et secs.

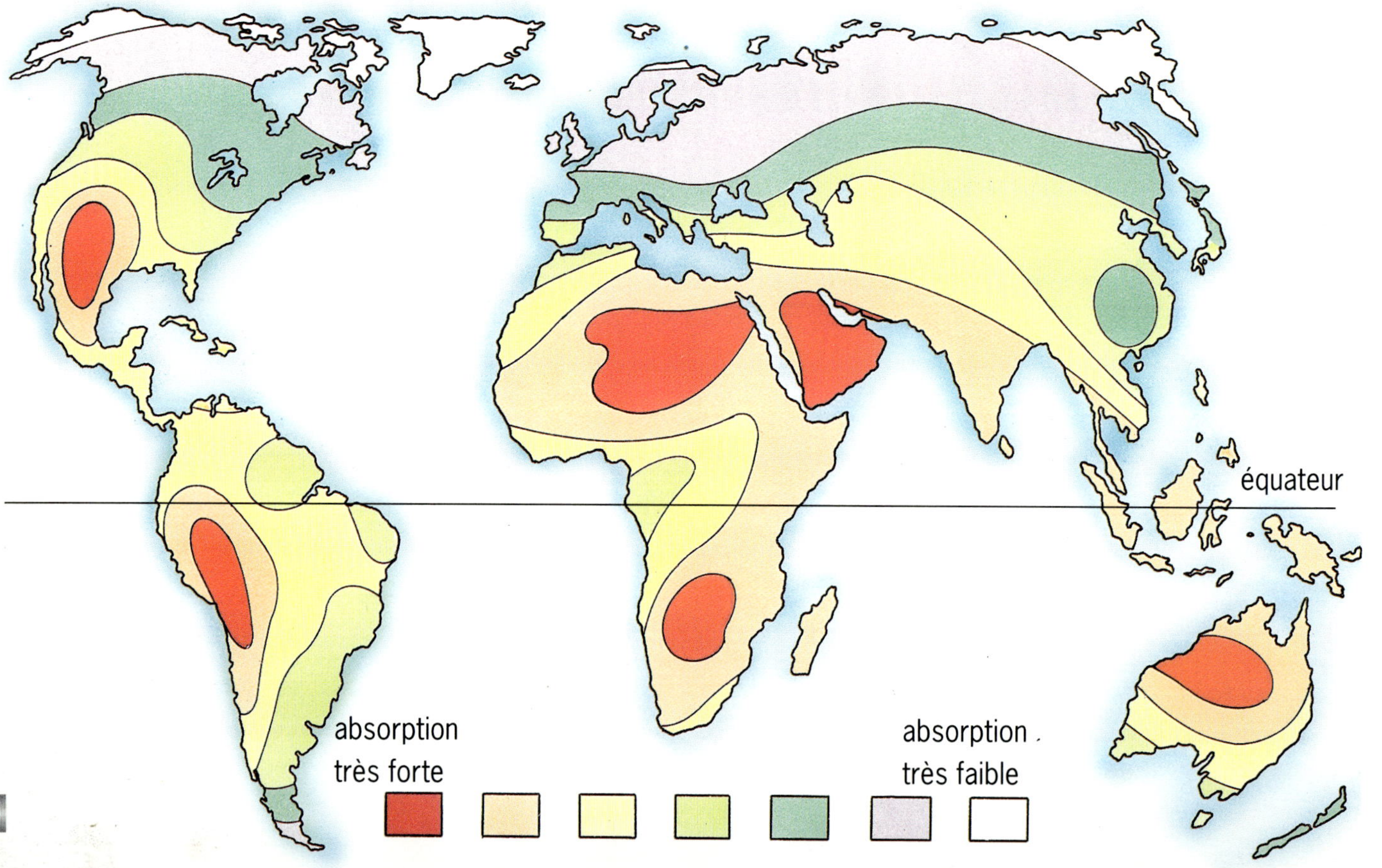

En savoir plus

La lumière est ce qui voyage le plus vite dans l'univers, à la vitesse de 300 000 km/s. Elle voyage si vite qu'il nous semble voir un événement au moment même où il se produit, sauf s'il est très éloigné. La lumière du Soleil atteint la Terre en 8 mn à peine. La lumière des étoiles met des centaines, voire des milliers d'années, pour nous parvenir de lointaines parties de l'univers.

L'un des plus beaux effets de l'énergie solaire sur Terre est l'arc-en-ciel. Il se produit quand les rayons du Soleil traversent l'air humide ou la pluie. Les gouttelettes d'eau en suspension dans l'air décomposent les rayons de lumière en un spectre - ou série - de couleurs allant du rouge au violet et elles reflètent cet arc coloré vers le sol.

En savoir plus

Trop d'énergie solaire peut aussi provoquer la destruction d'arbres. Après de longues périodes de sécheresse, le bois des arbres peut aisément s'enflammer sous un soleil ardent. En Espagne, en France et en Californie (États-Unis), d'importantes zones forestières ont récemment brûlé dans des incendies causés par un ensoleillement excessif.

Le bois des arbres est un réservoir d'énergie solaire. Faire brûler du bois libère cette énergie sous forme de chaleur. Les combustibles fossiles sont aussi des réservoirs d'énergie solaire puisqu'ils sont les résidus d'arbres morts et putréfiés il y a des millions d'années.

Les plantes sont des réservoirs naturels d'énergie solaire. Ici, dans la forêt tropicale de l'île de Fraser, au large du Queensland en Australie, les arbres élèvent très haut leurs couronnes de feuilles. La chlorophylle des feuilles capte l'énergie de la lumière solaire et, à l'issue d'un processus appelé photosynthèse, l'utilise pour nourrir la plante.

Les effets de l'énergie solaire

La lumière du Soleil illumine le ciel et chauffe les terres et les mers. Elle provoque aussi des sécheresses, des feux de forêt et des cancers de la peau.

La vie sur Terre n'est possible que parce que les plantes utilisent la lumière solaire pour croître. Pendant le processus de photosynthèse, les plantes captent l'énergie de la lumière solaire pour fabriquer de la nourriture à partir de l'eau et du dioxyde de carbone de l'air. Les animaux se nourrissent de plantes ou d'autres animaux.

Le vent solaire

Le Soleil produit la moitié de son énergie sous forme de lumière visible et la majeure partie du reste sous forme de radiations de chaleur infrarouge et invisible. Le Soleil émet aussi un flux de protons et d'électrons, particules chargées électriquement. Ce « vent solaire » s'intensifie à l'occasion d'orages à la surface du Soleil.

Quand les particules arrivent sur Terre, elles perdent leur énergie dans l'atmosphère, la couche d'air qui entoure notre planète. Leurs effets peuvent être spectaculaires, mais aussi dommageables. Les particules glissent le long du champ magnétique de la Terre et plongent dans l'atmosphère près des pôles. Elles produisent des voiles tremblants de lumières colorées appelés aurores boréales.

Les émissions de particules du vent solaire perturbent également le champ magnétique de la Terre. Cela peut se traduire par la création de courants électriques parasites dans des lignes à haute tension, des antennes de radio et des lignes téléphoniques. Ces émissions altèrent ainsi le fonctionnement des satellites et les communications radio et provoquent des coupures de courant.

LE SOLEIL DANS L'HISTOIRE

Le dieu Soleil

L'homme voue au Soleil un culte particulier depuis des milliers d'années. Beaucoup d'anciennes civilisations croyaient que le Soleil était un dieu ou qu'il était chaque jour mû à travers le ciel par un dieu. Les anciens Égyptiens croyaient que le Soleil était un dieu qui naviguait dans le ciel dans son bateau céleste. Les anciens Grecs adoraient Hélios, le dieu Soleil.

EN SAVOIR PLUS

La chaleur du Soleil est à l'origine de légendes grecques. Icare essaya de s'échapper de l'île de Crète en volant grâce à des ailes faites de plumes fixées avec de la cire. Il s'approcha trop près du Soleil dont la chaleur fit fondre la cire ; les ailes se détachèrent et Icare se tua en tombant. Dans une autre légende, Phaéton, le fils du dieu Soleil Hélios, conduisit le chariot du Soleil trop haut, puis trop bas dans le ciel ; la Terre gela, puis brûla. Zeus, le dieu suprême, dut le tuer pour protéger la Terre.

Depuis des milliers d'années, l'homme adore le Soleil. Mais il utilise aussi son énergie pour des besoins pratiques et quotidiens. Ici, en Espagne, le maïs sèche au soleil. La chaleur de ses rayons a été utilisée à travers l'histoire pour tout faire sécher, de la viande et des peaux d'animaux, à la soie, aux grains de café, aux feuilles de thé et au lin.

Éclipses et sacrifices humains

Certaines tribus indiennes d'Amérique du Nord et d'anciens peuples de Babylone, du Mexique, du Pérou, de l'Inde et du Japon vénéraient le Soleil. Tous craignaient terriblement le pouvoir du dieu Soleil. Les éclipses solaires, quand le Soleil s'obscurcissait ou disparaissait totalement en passant derrière la Lune, étaient pour eux des événements terrifiants.

Des civilisations faisaient des offrandes aux dieux afin d'obtenir l'assurance que le Soleil se lèverait et traverserait le ciel chaque jour. Les Aztèques, ancien peuple du Mexique, sacrifiaient des hommes et des animaux sur des pyramides et sur des sommets de montagnes pour satisfaire leur dieu Soleil.

Nous pouvons mieux connaître les croyances des peuples anciens grâce aux objets qu'ils ont laissés derrière eux : des dessins, des peintures, des sculptures, des statues, des bâtiments, des petits objets et parfois des écrits. Ce char solaire, découvert au Danemark en 1902, est daté de 1800-1000 av. J.-C. Il montre que le peuple qui vivait alors au Danemark vénérait le Soleil.

La presse typographique à énergie solaire de Mouchot et Pifre se composait d'un miroir concave de 2,20 m de diamètre qui concentrait les rayons sur une chaudière pour produire de la vapeur. Cette vapeur entraînait un moteur qui actionnait la presse.

EN SAVOIR PLUS

On raconte qu'il y a plus de 2000 ans, le mathématicien Archimède utilisa un « miroir ardent » comme arme. Ce miroir concave (en forme d'assiette) concentra les rayons du Soleil sur les galères romaines qui attaquaient le port de Syracuse, en Sicile. Les rayons réfléchis par le miroir mirent le feu aux vaisseaux alors hors de portée des archers. Personne ne sait si cette histoire est vraie, mais elle prouve qu'Archimède savait concentrer l'énergie solaire avec un miroir.

L'utilisation de miroirs et de lentilles

Rapidement, l'homme a appris qu'il pouvait focaliser ou concentrer l'énergie solaire pour l'intensifier. En 1774, le scientifique anglais Joseph Priestley focalisa la lumière solaire à l'aide d'une lentille pour découvrir un nouvel élément. Il utilisa les rayons pour chauffer de l'oxyde de mercure et séparer le mercure d'un nouvel élément, l'oxygène. En 1882, Augustin Mouchot et Abel Pifre construisirent une presse typographique qui fonctionnait à l'énergie solaire. Elle pouvait imprimer cinq cents exemplaires à l'heure d'un journal, le *Soleil Journal*.

Le scientifique français Antoine Lavoisier construisit un four à énergie solaire qui pouvait atteindre la température de 1750 °C, ce qui est suffisant pour faire fondre les métaux les plus communs.

Le premier chauffe-eau à énergie solaire commercialisé fut inventé par C. M. Kemp de Baltimore (États-Unis), en 1891. Les chauffe-eau solaires devinrent très à la mode aux États-Unis au début du XXe siècle. Il en reste encore aujourd'hui environ 500 000 dans la seule Californie.

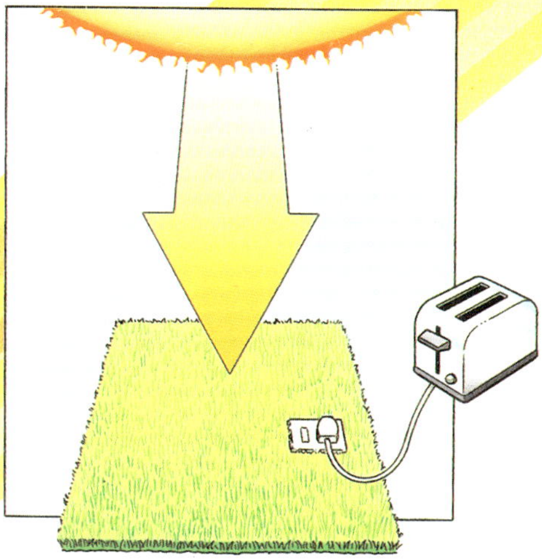

Par une journée ensoleillée, une surface au sol d'environ 4 m^2 absorbe un kilowatt d'énergie solaire, ce qui est suffisant pour faire fonctionner un grille-pain.

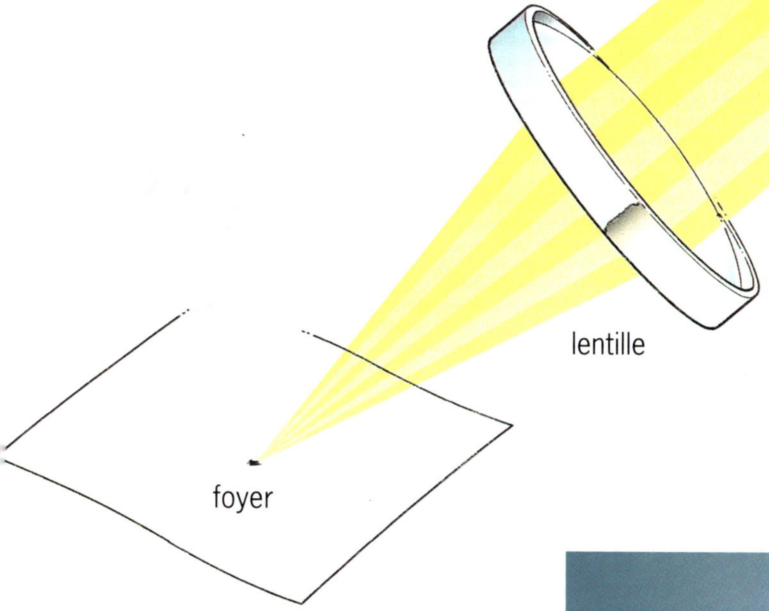

Ci-dessus, une lentille focalise des rayons parallèles de lumière en un point appelé foyer. Toute l'énergie de la lumière est concentrée en ce point. Une feuille de papier placée au foyer brunit et finit par brûler sous l'effet de la chaleur.

Un télescope solaire concentre l'énergie du Soleil sur des instruments qui mesurent l'intensité et la couleur de la lumière solaire.

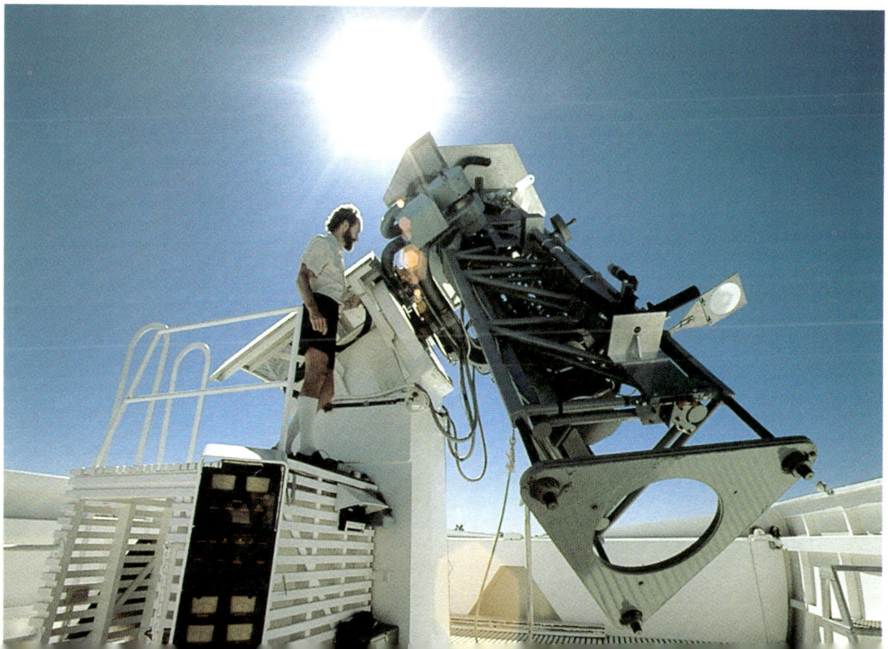

LA TECHNOLOGIE SOLAIRE

Des moyens élémentaires

La technologie solaire n'est pas toujours synonyme de difficultés et de coût élevé. Un capteur d'énergie solaire peut être aussi simple qu'une boîte de bois recouverte d'une vitre. Les jardiniers connaissent ce type de capteur sous le nom de châssis de couches. Les plantes qui y sont installées avant les beaux jours se réchauffent et poussent plus vite que les plantes cultivées en plein air. Si l'on aménage, sur un capteur, une sortie pour l'air chaud, on peut faire passer cet air dans des caisses de légumes pour les sécher avant de les entreposer.

Dans le désert, une bâche en plastique permet de produire de l'eau potable à partir du sable humidifié par la rosée de la nuit. L'énergie solaire fait évaporer l'eau. La vapeur se condense ensuite en eau sur la bâche.

Un séchoir solaire est une boîte recouverte d'un vitrage. L'air entre par le bas et ressort par le haut. À l'intérieur, l'air est chauffé par les rayons du Soleil. Cet air chaud remonte à travers les claies où sont disposés les légumes. L'air froid est aspiré par le bas.

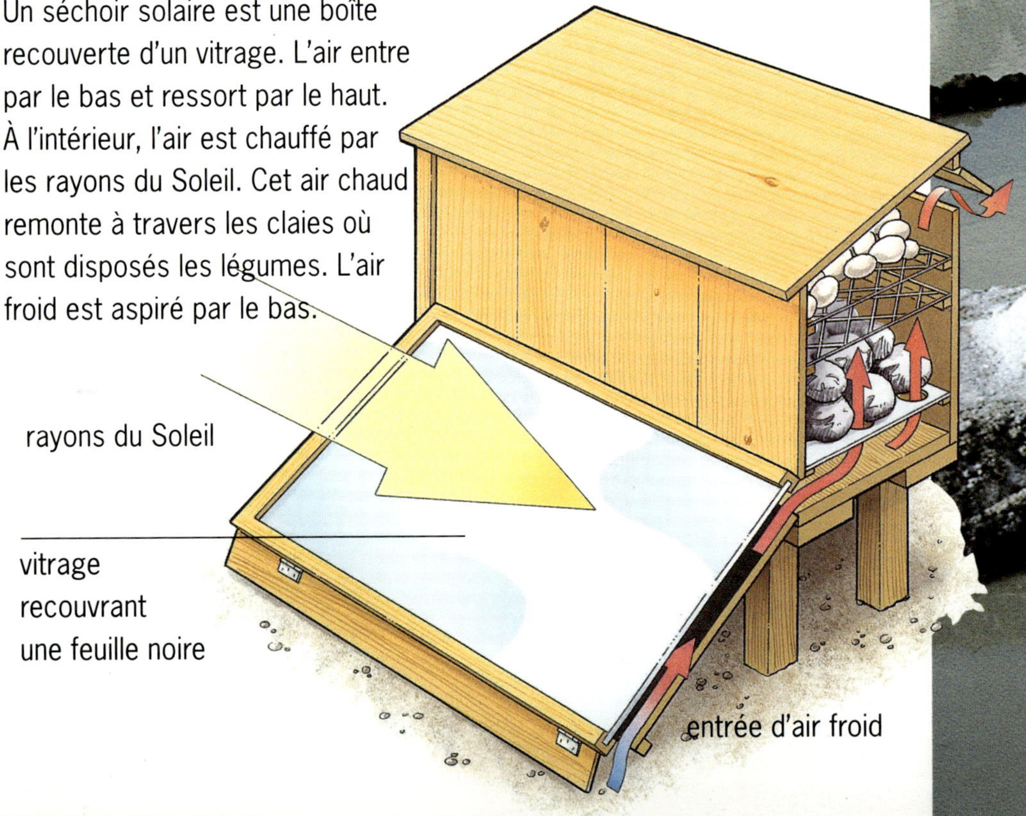

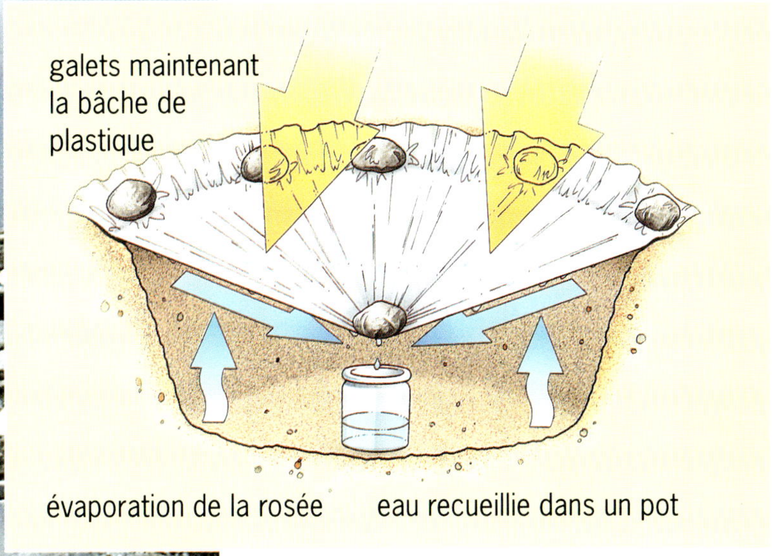

De l'eau dans le désert
Un désert chaud se refroidit après le coucher du Soleil. L'humidité de l'air se concentre sur le sol pour y former de la rosée que l'on peut recueillir pour la boire. Pour cela, on couvre un trou à l'aide d'une bâche de plastique, avant le lever du Soleil. On pose un galet au milieu de la bâche. Chauffée par le Soleil, la rosée s'évapore et se condense sur la bâche. Elle s'écoule vers le centre de la bâche, puis tombe dans un récipient placé sous le galet.

À gauche, une méthode de production de sel grâce à la chaleur solaire. L'eau salée provenant de la mer est recueillie dans des bassins peu profonds appelés marais salants. L'eau chauffe au soleil et s'évapore en laissant des cristaux de sel.

Les capteurs solaires plans

Un modèle type de capteur plan est constitué d'une boîte peu profonde couverte d'une vitre et qui chauffe l'eau par effet de serre. L'intérieur de la boîte est peint en noir, car le noir absorbe mieux la chaleur. L'eau circule dans un fin conduit qui serpente à l'intérieur de la boîte. Le conduit est lui aussi peint en noir.

L'énergie solaire est absorbée par les surfaces noires qui s'échauffent, élevant la température de l'air dans la boîte et ainsi de l'eau s'écoulant dans le capteur. Plus l'eau met de temps à traverser le capteur, plus elle absorbe d'énergie solaire. Un capteur plan efficace peut chauffer l'eau jusqu'à 90 °C, presque le point d'ébullition.

Les capteurs plans sont utilisés pour alimenter les maisons en eau chaude pour se laver et se chauffer. Au niveau de l'équateur, ils sont posés horizontalement. Dans l'hémisphère Nord, ils sont orientés vers le sud afin de recevoir le maximum d'énergie solaire. Dans l'hémisphère Sud, ils sont orientés vers le nord pour la même raison.

La lumière solaire n'a pas besoin d'être très intense pour les capteurs plans. L'eau peut être chauffée par l'énergie solaire, même dans les pays tempérés de l'hémisphère Nord. Ce mur, orienté au sud, de l'hôpital de Torbay, en Angleterre, est couvert de capteurs solaires qui servent à chauffer l'eau du bâtiment.

Dans ce schéma de capteur plan, l'absence d'une partie de la vitre permet de montrer le conduit d'eau. En circulant dans le capteur, l'eau froide absorbe l'énergie solaire piégée dans la boîte. Elle ressort ainsi à une température beaucoup plus élevée.

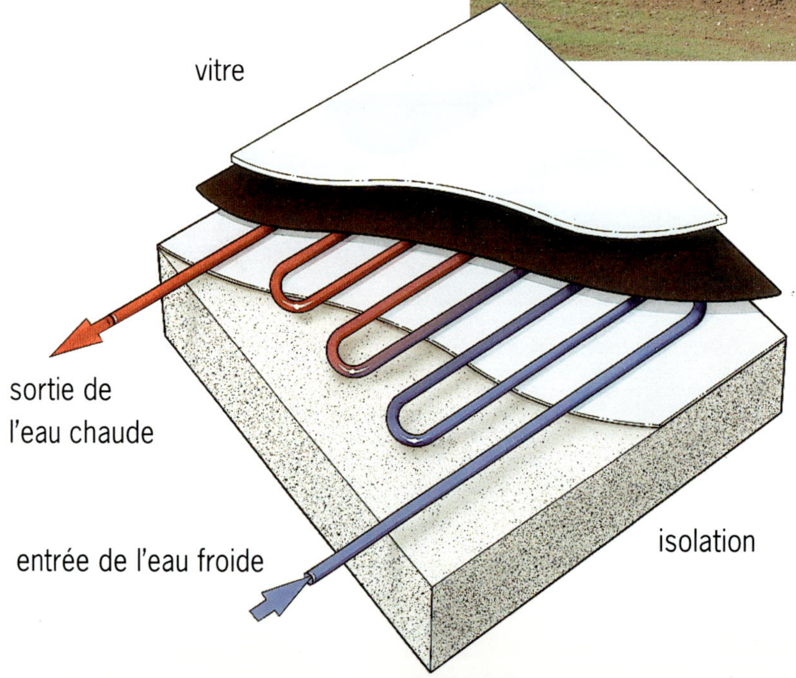

Dans un centre de recherche sur l'énergie, un technicien vérifie l'efficacité de différents types de capteurs solaires plans. Celui de gauche n'a plus sa vitre, ce qui permet de voir clairement les conduits d'eau et les plaques d'isolation.

Les capteurs à concentration

Il est possible de produire, à partir de la lumière solaire, des températures bien supérieures à celles qu'un capteur plan peut générer. Les rayons sont captés par une grande surface, puis focalisés sur un espace beaucoup plus petit. Ces capteurs, appelés capteurs à concentration, chauffent une cible à plusieurs milliers de degrés.

Le four solaire est un exemple de capteur à concentration. Un mur de miroirs est placé de telle façon qu'ils réfléchissent la lumière sur la même petite surface. Ces collecteurs sont onéreux, car les miroirs doivent être équipés de moteurs et de systèmes de contrôle afin de se déplacer automatiquement pour suivre la course du Soleil. Ces miroirs, qui suivent le Soleil, sont appelés héliostats.

On utilise aussi des miroirs incurvés ou des réflecteurs en demi-cercle qui n'ont pas besoin de se déplacer, mais qui produisent des températures moins élevées, seulement 300 °C, ce qui est suffisant pour cuisiner. En plaçant des casseroles au-dessus d'un réflecteur parabolique posé sur le sol, on le transforme en cuisinière solaire.

Le capteur concave est un capteur à concentration. Un tuyau court le long du capteur. Les réflecteurs disposés en demi-cercle focalisent l'énergie solaire sur le tuyau dans lequel circule de l'eau qui va être chauffée.

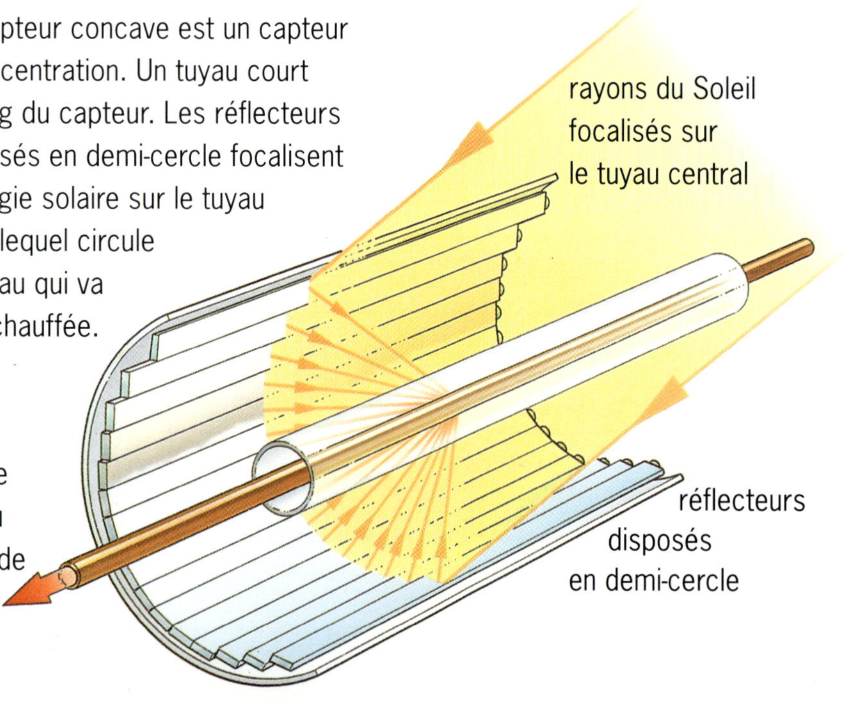

EN SAVOIR PLUS

Tout, dans ce four solaire français, est gigantesque. Chacun de ses héliostats mesure 7,3 m de haut sur 6,1 m de large, ce qui donne une surface totale de captage de 2800 m². Le miroir géant est fixe. Il a une forme incurvée particulière, appelée parabole, et mesure 42 m de diamètre. Des volets placés devant la cible permettent d'ouvrir et de fermer l'arrivée de la très forte chaleur en un dixième de seconde. Les volets doivent être refroidis pour les empêcher de fondre ou de se briser sous l'effet des changements brutaux de température.

Le plus grand four solaire d'Europe est situé à Odeillo, dans les Pyrénées françaises. 63 héliostats réfléchissent la lumière sur 9500 miroirs fixes qui la concentrent sur une cible d'à peine 45 cm^2. Ceci multiplie jusqu'à 12 000 fois l'énergie solaire et produit des températures atteignant 3800 °C.

Une centrale solaire à tour

Quand *Solar One* fut construite en 1982, elle étincelait comme un diamant dans les plaines du désert Mojave en Californie (États-Unis). C'était la plus grande centrale électrique solaire du monde. Elle convertissait la lumière solaire en 10 mégawatts d'électricité, soit la consommation de 10 000 personnes.

Près de 2000 réflecteurs étaient disposés en demi-cercle et renvoyaient les rayons du Soleil vers une chaudière placée au sommet d'une tour centrale de 78 m de haut. L'huile circulant dans la chaudière était rapidement chauffée et dirigée vers une autre chaudière pour y porter à ébullition de l'eau et la transformer en vapeur. Cette vapeur actionnait un générateur qui produisait de l'électricité. *Solar Two*, une version améliorée de cette centrale solaire, utilise du sodium liquide à la place de l'huile pour transmettre la chaleur produite dans la tour centrale. Le sodium liquide absorbe plus de chaleur que l'huile et, par conséquent, chauffe mieux l'eau.

Dans le désert californien, les 2000 miroirs de *Solar One*, la plus grande centrale électrique solaire du monde, captent l'énergie du Soleil et la transforment en électricité.

Comment fonctionne la tour

Les miroirs de la centrale solaire sont disposés de façon à réfléchir la lumière du Soleil sur la tour du milieu. Les miroirs s'inclinent et pivotent automatiquement pour suivre le Soleil dans sa course quotidienne à travers le ciel et garder leurs réflexions sur la cible.

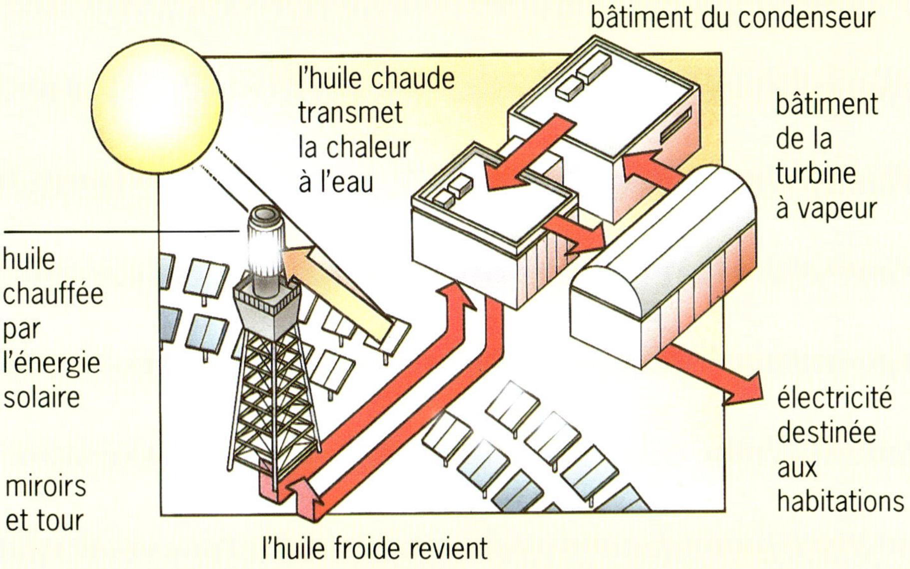

EN SAVOIR PLUS

Les centrales électriques solaires à tour comme *Solar One* et *Solar Two*, occupent d'énormes surfaces. Leurs miroirs couvrent 50 hectares. Si tous les besoins en électricité des États-Unis étaient satisfaits de cette façon, presque tous les déserts nord-américains devraient disparaître sous un tapis argenté de miroirs.

EN SAVOIR PLUS

Les satellites ne sont pas entièrement alimentés en énergie par des panneaux solaires. Ils seraient privés d'électricité chaque fois qu'ils se trouveraient dans l'ombre de la Terre. Des batteries fournissent de l'électricité quand les panneaux solaires cessent de fonctionner. Quand ils redeviennent opérationnels, les batteries se rechargent.

L'électricité consommée par ce phare est produite par des panneaux solaires. Pendant la journée, ils absorbent la lumière solaire et fabriquent de l'électricité stockée dans des batteries d'accumulateurs jusqu'à la nuit.

Produire de l'électricité à partir de la lumière solaire

Les capteurs utilisent la chaleur du Soleil pour produire de la vapeur qui fait fonctionner un générateur d'électricité. Mais il existe un autre appareil qui transforme directement la lumière solaire en électricité. Il n'a pas de partie mobile et ne nécessite ni miroir, ni eau, ni générateur pour produire de l'électricité.

Une cellule photovoltaïque ou photopile de la taille d'un ongle produit un faible courant électrique quand la lumière vient la frapper. Trois ou quatre cellules reliées entre elles peuvent faire fonctionner une calculatrice de poche. Plusieurs milliers alimentent un satellite ou une voiture à énergie solaire. Ces cellules ne causent aucune pollution contrairement à la production d'électricité à partir de combustibles fossiles et la lumière solaire est gratuite.

Cependant, les cellules solaires ont un faible rendement. Elles ne convertissent en électricité que 10 % de l'énergie solaire qui les frappe. Mais leur efficacité augmente régulièrement, et elles fournissent déjà de l'énergie pour des téléphones et des pompes à eau dans des régions isolées sans alimentation électrique traditionnelle.

Les cellules solaires sont fabriquées avec un matériau semi-conducteur, en général du silicium. Quand la lumière frappe la cellule, elle fournit de l'énergie qui met en mouvement des électrons (particules atomiques avec une charge électrique négative). Quand les électrons circulent, ils créent un courant électrique.

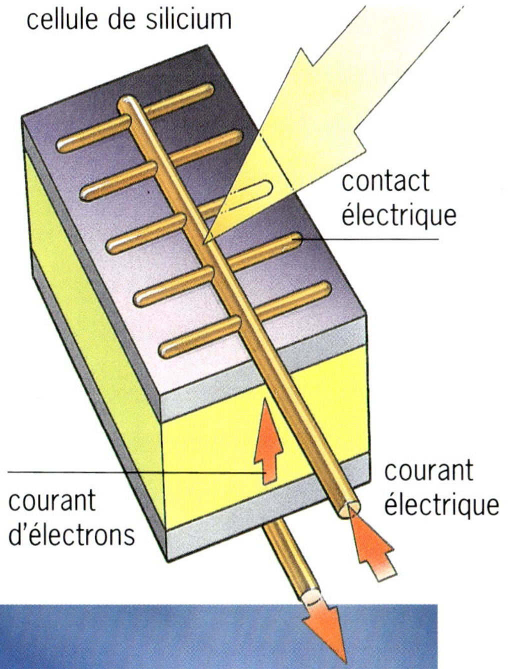

Un champ de panneaux solaires produit de l'électricité dans une centrale électrique solaire à Carrizo Plains, Bakersfield, Californie (États-Unis).

L'UTILISATION DE L'ÉNERGIE SOLAIRE

L'habitat solaire

Dans la conception des bâtiments, le choix de formes et de matériaux adaptés permet d'utiliser plus efficacement l'énergie solaire. Les jardiniers tirent parti de l'énergie solaire en employant des serres pour cultiver les plantes. L'élévation de la température dans une serre s'explique par le fait qu'elle retient la chaleur des objets chauffés par les rayons du Soleil.

Les maisons peuvent être conçues pour utiliser l'effet de serre. De grandes fenêtres orientées vers le Soleil laissent pénétrer le plus de lumière possible afin de chauffer les murs et les objets à l'intérieur des bâtiments.

Les immeubles de bureaux modernes tels que ceux-ci à Houston, Texas (États-Unis), sont souvent construits avec des murs de verre pour exploiter l'effet thermique de l'énergie solaire. L'air, à l'intérieur des bâtiments, est chauffé par le Soleil.

En savoir plus

La maison la plus performante au monde du point de vue de l'énergie se trouve à Southwell, dans le Nottinghamshire, en Angleterre. L'eau de pluie s'écoulant du toit est recueillie et stockée pour être utilisée. Les déchets domestiques sont transformés en compost pour le jardin. La maison est très bien isolée pour retenir autant de chaleur que possible. L'électricité est produite par des photopiles qui génèrent 1500 kilowattheures (kWh) d'électricité chaque année. Un kWh est une unité d'énergie électrique qui fait fonctionner un chauffage d'une puissance de 1 kW pendant une heure.

Les fenêtres du côté ombragé sont plus petites pour retenir la chaleur. Des murs et un toit bien isolés permettent aussi de réduire les pertes de chaleur.

Par une chaude journée ensoleillée, l'excès de lumière solaire pénétrant dans un bâtiment peut entraîner une chaleur excessive. Mais un usage judicieux de ce chauffage solaire peut en réalité faire baisser la température du bâtiment en créant des courants d'air rafraîchissants. Si les maisons étaient construites sur ce principe, on relâcherait moins de dioxyde de carbone issu des combustibles fossiles dans l'atmosphère. Le dioxyde de carbone est un gaz qui augmente l'effet de serre. Il retient la chaleur produite ou émise par le sol, les bâtiments et les êtres vivants. Des émissions trop importantes de dioxyde de carbone provoquent un échauffement de l'atmosphère accompagné d'effets indésirables sur le temps et le climat.

Cette maison utilise au mieux l'énergie fournie par les rayons du Soleil au moyen de panneaux solaires et par des applications de l'effet de serre.

L'adaptation d'une maison danoise à l'énergie solaire

Une maison solaire est un bâtiment qui utilise l'énergie solaire plus efficacement que les autres. Dans les pays du Nord, le Soleil est moins intense et les jours peuvent être plus courts que dans des pays tropicaux plus ensoleillés. Mais l'ensoleillement est suffisant pour rendre avantageuse la construction de maisons solaires.

On peut intégrer les systèmes à énergie solaire dans la conception de nouveaux bâtiments, mais aussi transformer des bâtiments anciens en maisons solaires. Jusqu'en 1993, une famille danoise, les Bille, vivait dans une maison ancienne chauffée par une chaudière à mazout. Ils firent installer sur le toit quatre capteurs solaires qui les alimentèrent en eau chaude de mai à octobre. Même par des journées d'hiver froides et claires, l'eau atteignait 55 °C. Par temps couvert, cette température descendait à 25 °C. L'eau chaude non utilisée était stockée plusieurs jours dans un réservoir isolé. Cette simple transformation permit aux Bille d'économiser 500 l de mazout par an.

Les quatre capteurs solaires doivent rester propres pour garder leur efficacité. La poussière et les saletés qui s'y déposent réduisent la quantité d'énergie solaire qui pénètre dans les capteurs et qui chauffe l'eau. Seuls de gros nuages ou une neige épaisse neutralisent complètement les capteurs installés sur le toit.

L'ancienne chaudière à charbon se trouve à côté du nouveau réservoir d'eau. À sa droite, la chaudière à mazout chauffe la maison quand les panneaux solaires ne produisent pas assez de chaleur.

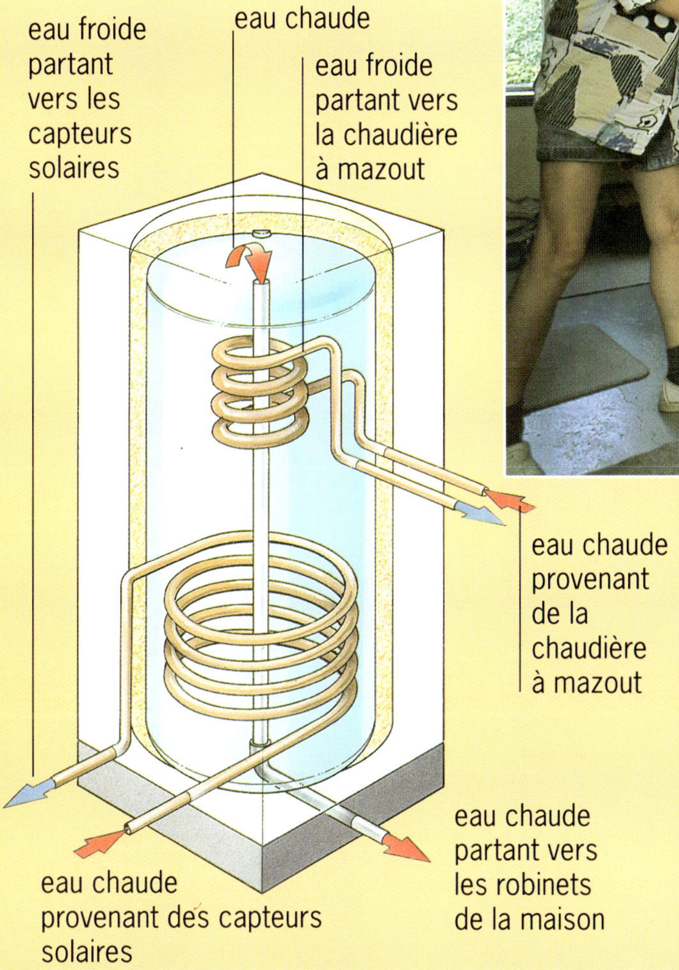

L'eau chaude provenant des capteurs solaires du toit circule dans le gros serpentin et chauffe l'eau du réservoir. Quand il n'y a pas assez de Soleil pour faire fonctionner les capteurs solaires, une chaudière à mazout prend la relève et envoie de l'eau chaude dans le serpentin plus petit.

Fabrication de photopiles pour des panneaux solaires. Le silicium utilisé pour ces cellules est obtenu à partir de sable et de roche. Il est cuit au four et traité avec des produits chimiques avant d'être mis en feuilles très fines.

À gauche, en Andalousie (Espagne), ces lampadaires sont alimentés par des batteries maintenues en pleine charge par l'électricité produite par des panneaux de photopiles.

Les photopiles équipent aussi bien des calculatrices, des lampes-torches ou les petits ventilateurs des casquettes de base-ball.

EN SAVOIR PLUS

Il y a des millions d'années, la nature a découvert le secret de fabrication de l'éclairage portable. Quelques espèces de scarabées, de mouches, de vers, de poissons des grandes profondeurs et de champignons fabriquent de la lumière grâce à un processus appelé bioluminescence. Contrairement à la lumière artificielle qui produit de la chaleur, la lumière naturelle est froide. Les animaux utilisent la bioluminescence pour attirer des partenaires ou des proies.

L'énergie solaire portable

Les sources d'énergie électriques portables les plus répandues sont les batteries et les piles, mais leur durée de vie est courte. Elles doivent être souvent remplacées ou rechargées. L'énergie solaire est une alternative, car les photopiles sont facilement transportables.

Les explorateurs ou les scientifiques voyageant dans des contrées reculées emportent des radios ou des téléphones solaires. Des équipes médicales peuvent utiliser du matériel solaire dans des endroits dépourvus d'alimentation électrique fiable. Le matériel qui doit rester inutilisé pendant longtemps peut être alimenté par des panneaux solaires.

Sur tous les continents, des communautés rurales ont été équipées d'éclairage fonctionnant à l'énergie solaire. La notion d'éclairage solaire peut paraître farfelue parce que l'éclairage artificiel est utile quand il n'y a pas de lumière du Soleil, alors que les panneaux solaires ne fonctionnent pas. Les cellules solaires utilisent le Soleil pour charger les batteries qui alimentent les lampes pendant la nuit.

Des panneaux solaires peuvent être installés n'importe où pour produire de l'électricité. Ici, ils alimentent en énergie la pompe pour la circulation de l'eau, le filtre pour l'épuration et le chauffage de l'eau de cette piscine.

Les véhicules solaires

Dans certaines grandes villes, la pollution est si importante qu'elle met en danger la santé des habitants. La plus grande partie de cette pollution provient des moteurs de voitures et de camions. L'essence brûlée dans un moteur produit des gaz et des particules à l'origine d'un grand nombre de maladies.

Les voitures électriques ne polluent pas l'air. La plupart d'entre elles sont alimentées par de lourdes batteries qui stockent peu d'énergie et doivent souvent être rechargées. Alors que le réservoir d'un véhicule normal est rempli en quelques secondes, recharger les batteries d'un véhicule électrique prend plusieurs heures. Une voiture alimentée par l'énergie solaire serait beaucoup plus légère, car elle serait affranchie de ces lourdes batteries.

EN SAVOIR PLUS

Au début des années 1990, la société japonaise Kyocera mit au point la première voiture solaire, la *SCV-O*. Ses 640 cellules solaires alimentaient un moteur électrique et permettaient d'atteindre une vitesse de pointe de 60 km/h. Le premier avion fonctionnant uniquement à l'énergie solaire, le *Solar Challenger*, fit son premier vol d'essai le 20 novembre 1980. Le moteur électrique qui entraînait son hélice était alimenté par 16 128 cellules solaires sur ses ailes et sur sa queue.

Encore trop onéreuses

Les photopiles seraient idéales pour alimenter une voiture. Elles n'ont aucune partie mobile, ne consomment pas de produits chimiques et ne nécessitent aucun entretien. Cependant, les cellules solaires ne sont pas encore assez efficaces pour alimenter une voiture avec des performances comparables à celles d'un véhicule de tourisme, même dans les régions du monde les plus ensoleillées. La plupart des véhicules solaires restent des machines expérimentales hautement spécialisées et extrêmement onéreuses.

Pathfinder est un avion solaire expérimental. Ses hélices sont entraînées par huit moteurs électriques alimentés par 2800 cellules solaires placées sur les ailes. Lors du vol d'essai, il a atteint une altitude de plus de 20 000 m.

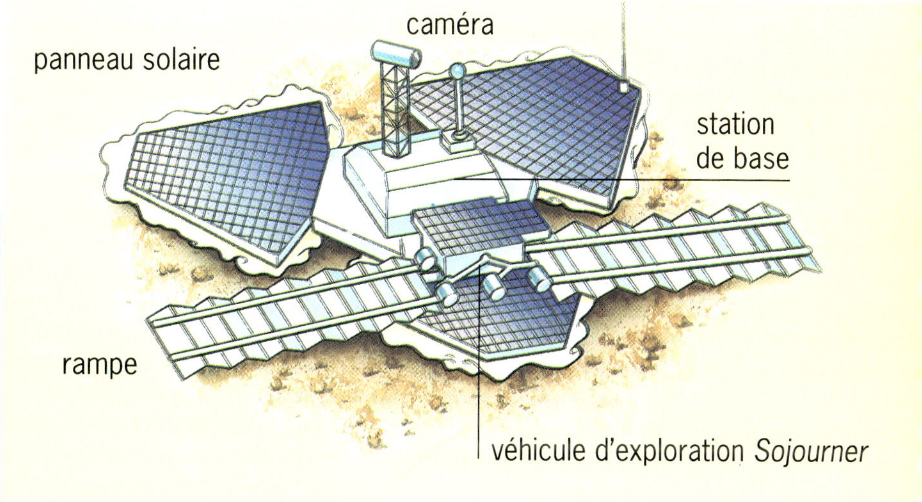

Ci-dessus, un petit véhicule solaire baptisé *Sojourner* s'apprête à descendre la rampe de sa station de base pour partir à la découverte de la surface de Mars. Il s'est posé sur la planète rouge le 4 juillet 1997 lors de la mission *Mars Pathfinder*. Tandis que *Sojourner* explorait la surface, ses instruments, alimentés à l'énergie solaire, examinaient les roches des alentours afin de déterminer leur composition.

Une voiture solaire, basse et aérodynamique, brille d'un éclat bleu : ce sont les cellules solaires qui alimentent son moteur électrique. La *Manta*, profilée comme une raie manta, a gagné la *Sunrayce* 95, la course des voitures solaires.

La course des voitures solaires

Tous les trois ans, des équipes venues du monde entier se rencontrent en Australie pour participer au *World Solar Challenge* (le Défi solaire mondial). Seules les voitures solaires participent à cette course de 3010 km, entre Darwin, sur la côte nord de l'Australie, et Adélaïde, sur la côte sud. Les équipes représentent aussi bien des multinationales que des universités. Des courses comme le *World Solar Challenge* encouragent la recherche dans le domaine de la technologie des voitures à énergie solaire. Depuis la première course, en 1987, les voitures se sont sans cesse améliorées avec des vitesses moyennes passant de 67 à 90 km/h.

En savoir plus

Des courses de voitures solaires sont organisées dans le monde entier. *Sunrayce*, une course réservée à des équipes universitaires, a lieu tous les deux ans aux États-Unis. En 1997, cette course de 2000 km se déroula sur dix jours, entre Indianapolis (Indiana) et Colorado Springs (Colorado). Les équipes de la *Sunrayce* vont souvent en Australie pour courir le *World Solar Challenge*.

Sunshark participa au *World Solar Challenge* en 1996. En l'absence du couvercle de l'habitacle, vous pouvez constater qu'elle est peu spacieuse. Le pilote contrôle la voiture avec un guidon semblable à celui d'une bicyclette.

La voiture de rêve, selon Honda, sur le point de prendre le départ dans l'arrière-pays australien, le quatrième jour de l'une des premières courses du *World Solar Challenge*. La voiture ne pesait que 125 kg. Ses panneaux solaires, installés à l'arrière, produisaient une énergie de 1000 watts.

Silencieuses, rapides, mais onéreuses

Les voitures de course solaires sont très différentes des voitures de course normales. Elles sont aussi petites que possible afin d'en réduire le poids. Leur forme est très importante, car elles doivent pouvoir glisser facilement dans l'air, et elles sont bien sûr silencieuses.

L'une des dernières gagnantes du *World Solar Challenge* a été construite par le fabriquant de voitures japonais Honda. Elle mesure cinq mètres de long, elle est aérodynamique et couverte de 4584 cellules solaires. Elle peut atteindre la vitesse de 130 km/h, mais sa construction a coûté plus de six millions de francs.

Le stockage de l'énergie solaire

L'énergie solaire ne nous parvient pas en un flot continu. Son intensité varie en fonction des nuages et est réduite à néant lorsque le Soleil se couche. Mais nous voulons aussi utiliser l'électricité la nuit ou lorsque le temps est couvert. Il est nécessaire d'atténuer les irrégularités du flot de l'énergie solaire pour en faire une source d'énergie pratique et pour disposer d'électricité quand nous en avons besoin et pas seulement quand le Soleil brille.

Nous pouvons stocker l'énergie solaire dont nous n'avons pas un besoin immédiat, afin de l'utiliser quelques heures ou même quelques jours après l'avoir captée. L'électricité est stockée dans des batteries. Quand le Soleil réapparaît et que les panneaux solaires fonctionnent à nouveau, le courant électrique qu'ils produisent recharge les batteries.

Dans une centrale électrique japonaise, une technicienne vérifie que les batteries sont bien rechargées en électricité par les panneaux solaires installés sur le toit d'un bâtiment voisin.

Coucher de soleil sur une plage. Pendant la journée le Soleil chauffe la Terre et la mer : il crée ainsi de grosses réserves d'énergie et est à l'origine des climats.

Réservoirs et bassins solaires

La chaleur solaire peut être stockée dans des réservoirs ou des bassins remplis de roches, d'huile ou d'eau. L'isolation des bassins empêche la chaleur de s'échapper. Un bassin solaire type est empli d'eau salée qui absorbe bien la chaleur. Dans la journée, le Soleil chauffe l'eau. L'eau la plus salée descend et retient la chaleur au fond. Quand le temps est gris ou qu'il fait nuit, l'eau peut être pompée et envoyée dans une chaudière pour actionner une turbine reliée à un générateur.

En savoir plus

Un bassin rempli d'eau stocke l'énergie solaire sous forme de chaleur pendant quelques jours. Des batteries stockent l'énergie solaire sous forme d'électricité pendant des semaines ou des mois. Dans la nature, les réserves d'énergie solaire durent plus longtemps. Les plantes absorbent l'énergie solaire dans leurs feuilles et la transforment en énergie chimique. Les arbres peuvent stocker cette énergie pendant des décennies et parfois des siècles, et la restituent sous forme de chaleur lorsqu'on les brûle. Le charbon, le pétrole et le gaz libèrent aujourd'hui l'énergie solaire absorbée il y a des millions d'années. Malheureusement, ils libèrent aussi des gaz très polluants.

Les bassins solaires

Un bassin solaire a des bords inclinés et un fond plat peints en noir. Quand l'eau salée se réchauffe, elle descend vers le fond. De l'eau salée froide coule dans le bassin et monte à la surface, où elle se réchauffe. C'est une circulation permanente d'eau froide et chaude.

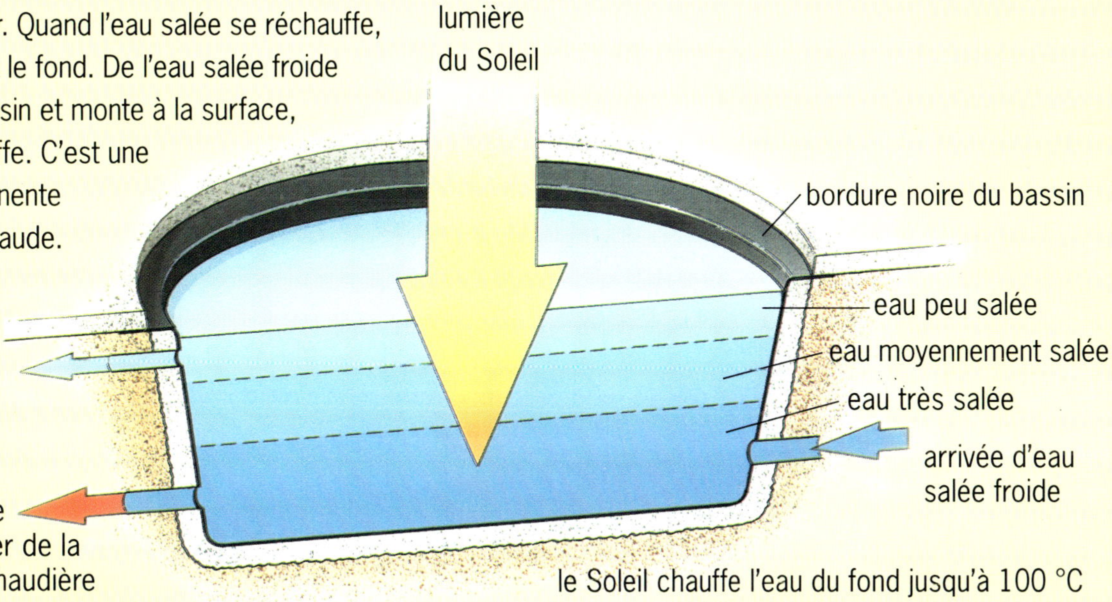

Une station de radio au Mali

La communication est un problème dans beaucoup de pays où les gens vivent dans des villages dispersés sur de grandes étendues sans électricité. Des stations radio pourraient fournir des informations locales importantes, et diffuser des programmes éducatifs ou de la musique. Mais pour émettre, les stations radio ont besoin d'une alimentation électrique fiable.

Au Mali, *Radio Daande Douentza* (RDD) résout le problème de l'alimentation en électricité en utilisant seulement l'énergie solaire. Financée par la fondation humanitaire Oxfam et par la Fondation du Moyen-Orient *(Near East Foundation)*, elle a commencé à émettre en juillet 1993, dans une région extrêmement isolée du Mali où il n'y a ni téléphone, ni journaux, ni services postaux. Pour la plupart des habitants de la région, c'est la seule source d'information sur la santé, l'agriculture et les modifications du droit.

Un technicien contrôle le volume des différents signaux émis par les microphones du studio avant le début des programmes.

EN SAVOIR PLUS

Dans les zones rurales de certains pays, les gens restent difficilement en contact. *Inmarsat*, une société de satellites de communications, a mis au point des cabines téléphoniques solaires reliées par satellite et destinées aux zones rurales. L'une de ces cabines a été installée à Sampa, au Ghana, en 1997.

Radio Daande Douentza est alimentée en électricité par des panneaux solaires installés sur un toit. La station radio émet 56 heures par semaine pour 168 000 auditeurs locaux éparpillés sur 19 000 km^2.

Un succès retentissant

Des enquêtes montrent que 85 % des habitants de la région écoutent la station. Au cours des six premiers mois, le nombre d'appareils radio a doublé dans la région. La station change la vie des habitants. À la suite de la programmation d'émissions sur la vaccination des enfants pour les protéger des maladies, le nombre d'enfants vaccinés est passé de 30 à 50 %. Le succès de RDD peut susciter la création d'autres stations radio solaires dans des régions reculées de l'Afrique et de l'Asie.

Bocoum Koumbourou, Koita, la voix de *Radio Daande Douentza*, commence son émission du matin.

De nouveaux développements

Des surfaces qui absorbent la lumière solaire

Dans l'avenir, des panneaux solaires seront directement intégrés lors de la construction des maisons. Il en existe aujourd'hui qui ressemblent à des tuiles ordinaires. Un maçon les pose comme des tuiles normales et un électricien les branche. Ils sont deux fois moins chers que les autres panneaux solaires, car ils utilisent un silicium différent, moins coûteux à produire. Si le tiers du toit d'un pavillon était recouvert avec ces nouvelles tuiles, 6 heures de soleil par jour suffirait à satisfaire les besoins en électricité de ses habitants.

En savoir plus

Biosphère II était le plus grand système vivant en vase clos du monde. Il mesurait 26 m de haut et abritait 3800 espèces de plantes et d'animaux dans des reconstitutions fidèles de l'océan, du désert, de la savane, de la forêt tropicale, de marécages, de terres cultivées et d'habitations. Un millier de sondes reliaient les ordinateurs de ce système à chacune de ses parties.

En 1991, huit personnes s'enfermèrent dans un bâtiment de verre appelé *Biosphère II*, près d'Oracle, en Arizona aux États-Unis (*Biosphère I* est la Terre). Ils y vécurent pendant deux ans en recyclant l'air, l'eau et la nourriture à l'intérieur même de la structure. Le chauffage et l'éclairage du bâtiment fonctionnaient à l'énergie solaire.

La photosynthèse artificielle

Les plantes transforment la lumière solaire en énergie chimique par un processus naturel appelé photosynthèse. Elles y parviennent grâce aux cellules qui les composent et qui contiennent une substance verte appelée chlorophylle. La chlorophylle absorbe l'énergie de la lumière et la transforme en énergie chimique qui va alimenter toutes les activités de la cellule.

Si les scientifiques pouvaient fabriquer une feuille artificielle fonctionnant comme une feuille naturelle, l'énergie solaire serait beaucoup plus efficace et meilleur marché qu'elle ne l'est actuellement. Des chimistes sont parvenus à copier, atome par atome, des parties de feuilles naturelles. La prochaine étape consiste à assembler ces différentes parties et à vérifier qu'elles peuvent utiliser l'énergie solaire comme une vraie feuille.

Le toit de l'Institut *Southface Energy* d'Atlanta, en Géorgie, ressemble à n'importe quel autre toit de tuiles. Il est en réalité couvert de tuiles spéciales qui fonctionnent comme des photopiles. Elles absorbent la lumière du Soleil pour produire de l'électricité.

L'énergie des déserts chauds et des savanes

Les déserts chauds sont idéaux pour la production d'énergie solaire. Ils couvrent un cinquième de la surface de la Terre et, en raison de leur climat, très peu de personnes y vivent. Puisque le coût des photopiles baisse, il serait possible d'en installer dans les déserts pour produire de l'électricité. De plus, le long des côtes, des centrales électriques solaires pourraient produire l'électricité nécessaire au dessalement de l'eau de mer.

Mais le sable transporté par le vent reste un problème. En se déposant sur les miroirs ou les panneaux, ce sable bloquerait une partie de l'énergie solaire. Au fil des années, le sable rayerait les miroirs et les panneaux solaires et réduirait leur durée de vie. L'équipement utilisé dans ces conditions extrêmes devrait être recouvert de matériaux transparents et extrêmement résistants.

EN SAVOIR PLUS

Les centrales électriques solaires occupent beaucoup de place. En Californie, l'une d'elles couvre une surface de 50 000 m². Dans des régions moins ensoleillées, il faudrait des espaces encore plus grands. C'est pourquoi ces centrales ne sont concevables que dans les parties du monde les plus ensoleillées.

Des cheminées solaires pourraient produire de l'électricité dans les déserts chauds. Le Soleil chauffe l'air dans des tunnels de plastique. L'air chaud monte dans une grande cheminée et actionne une turbine reliée à un générateur d'électricité.

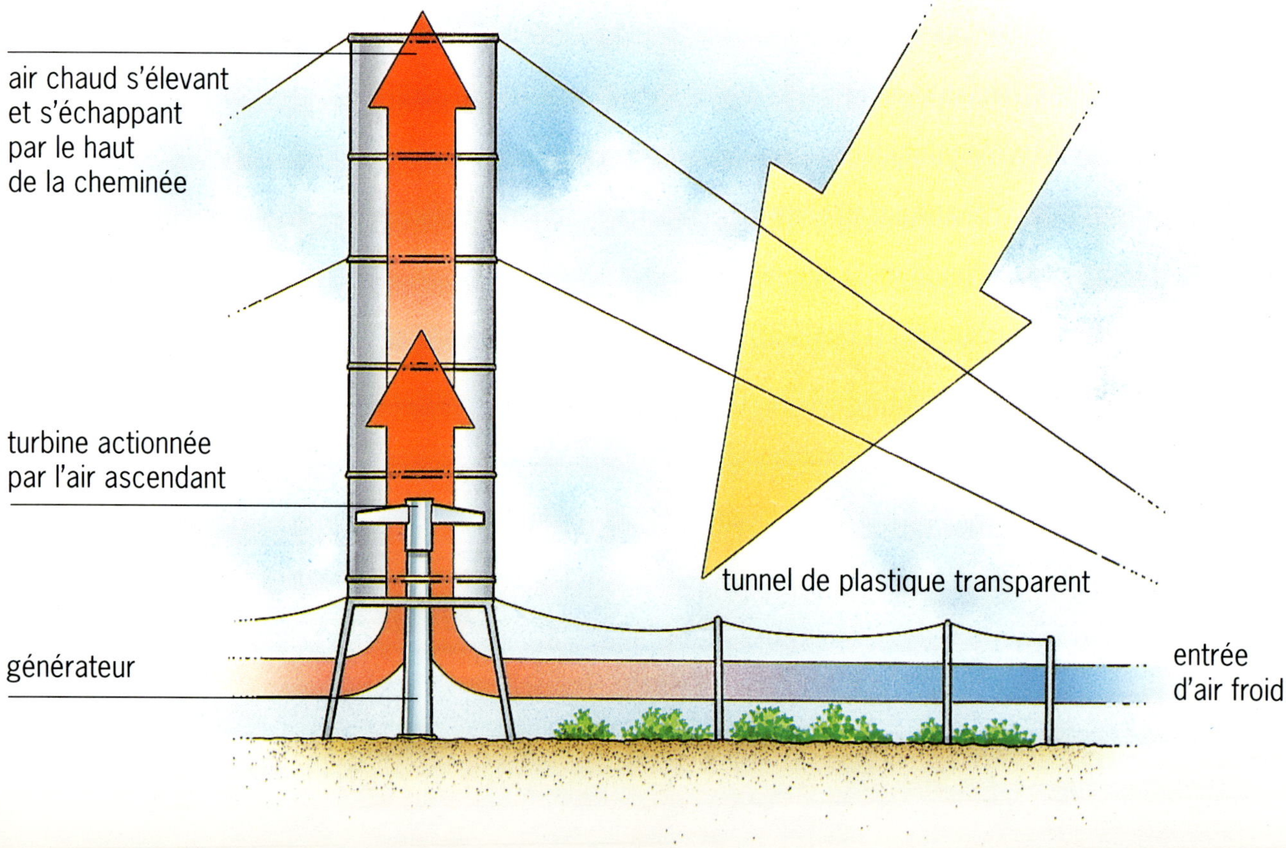

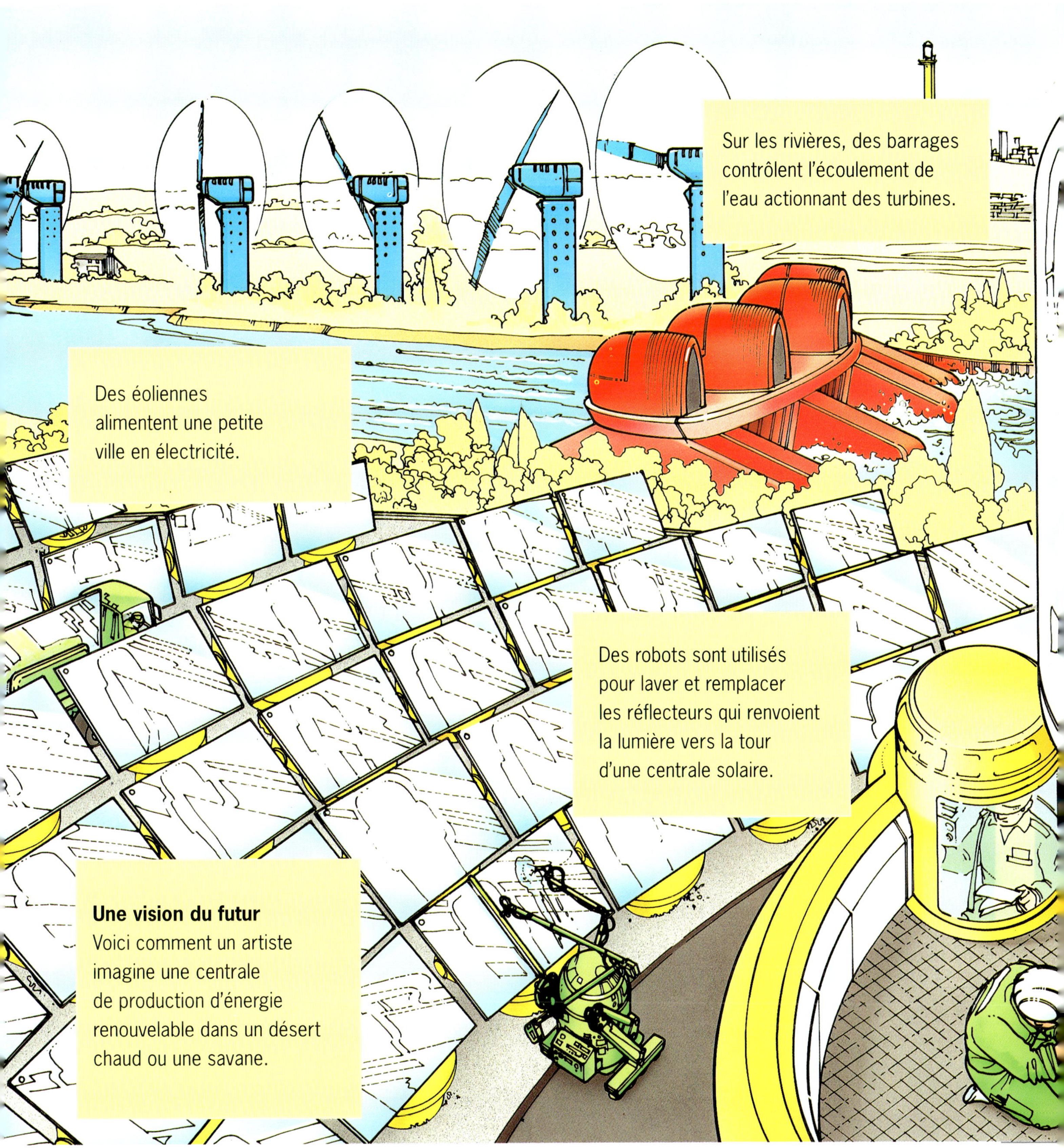

Sur les rivières, des barrages contrôlent l'écoulement de l'eau actionnant des turbines.

Des éoliennes alimentent une petite ville en électricité.

Des robots sont utilisés pour laver et remplacer les réflecteurs qui renvoient la lumière vers la tour d'une centrale solaire.

Une vision du futur
Voici comment un artiste imagine une centrale de production d'énergie renouvelable dans un désert chaud ou une savane.

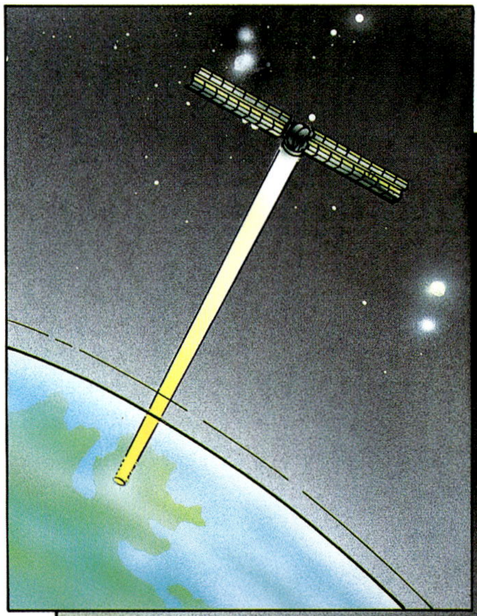

Un satellite alimente la Terre en énergie.

Le télescope spatial *Hubble*, le plus grand satellite de la Terre lancé à ce jour, pèse 11 000 kg et mesure 13,3 m de long sur 12 m de large en incluant ses panneaux solaires. Il a été lancé d'une navette spatiale en 1990. Ses panneaux solaires alimentent en électricité son ordinateur de bord et ses instruments.

Quand les réserves de combustibles fossiles s'épuiseront et quand le coût de l'énergie augmentera, une partie des besoins énergétiques de la Terre pourra être satisfaite par des panneaux de cellules solaires géants dans l'espace ou par une flotte de satellites distribuant de l'énergie à la Terre. Ces satellites seraient équipés de panneaux solaires ainsi que d'un système de guidage permettant de les garder orientés vers le Soleil. Un transmetteur enverrait vers la Terre l'électricité générée par les panneaux, sous forme de signal radioélectrique.

L'énergie solaire dans l'espace

Quand elle parvient à la surface de la Terre, la lumière solaire est altérée par les nuages, la poussière et l'humidité présents dans l'atmosphère. Les volcans et les tempêtes de sable soulèvent de grandes quantités de poussière. La pollution provoquée par les voitures, les usines et les centrales thermiques aggrave le problème.

Un panneau de photopiles recevrait plus d'énergie s'il se trouvait hors de l'atmosphère. Il est techniquement possible de construire une centrale électrique solaire dans l'espace. De gigantesques panneaux solaires produiraient de l'électricité qui serait transformée en micro-ondes et envoyée vers des stations de réception sur Terre. Ces stations reconvertiraient les micro-ondes en électricité pour alimenter les maisons et les usines.

Les vaisseaux spatiaux du futur pourraient utiliser l'énergie du Soleil de façon différente. Au lieu de la convertir en électricité, ils la capteraient pour être propulsés. Le vent solaire « soufflant » dans leurs gigantesques voiles les pousserait d'une planète à l'autre, comme des voiliers de l'ère spatiale.

En savoir plus

L'idée d'utiliser des voiles solaires pour voyager dans l'espace fut suggérée par Konstantin Tsiolkovsky (1857-1935). Il est surprenant que ce maître d'école d'un village russe ait prédit les voyages de l'homme dans l'espace des décennies plus tôt. Il dessina un vaisseau propulsé par un mélange liquide d'hydrogène et d'oxygène qui ressemblait au véhicule qui transporta des astronautes dans la Lune 60 ans plus tard.

GLOSSAIRE

atmosphère : gaz qui entourent un astre.

atome : la plus petite partie d'un élément susceptible d'intervenir dans des réactions chimiques.

aurore boréale : phénomène lumineux coloré qui se produit dans les régions polaires et qui est causé par le vent solaire.

capteur à concentration : miroir ou lentille utilisé pour convertir l'énergie solaire en chaleur. L'énergie est captée sur une grande surface et renvoyée sur une surface beaucoup plus petite.

capteur plan : panneau plat ou boîte peu profonde utilisé pour convertir l'énergie solaire en chaleur.

capteur solaire : dispositif qui permet de recevoir l'énergie solaire et de la transformer en une autre forme d'énergie telle que la chaleur.

cellule photovoltaïque : voir photopile.

centrale à tour : type de centrale électrique solaire qui utilise des miroirs pour réfléchir l'énergie solaire sur une chaudière placée sur une tour.

centrale électrique solaire : centrale qui produit de l'électricité à partir de l'énergie solaire.

champ électrique : zone d'action de forces électriques.

champ magnétique : zone dans laquelle agissent les forces d'attraction et de répulsion d'un aimant.

combustibles fossiles : combustibles naturels formés il y a des millions d'années par les restes de plantes et d'animaux. Le charbon, le pétrole et le gaz naturel sont des combustibles fossiles.

dioxyde de carbone : gaz formé d'un atome de carbone lié à deux atomes d'oxygène.

électromagnétique : qui possède à la fois des caractéristiques électriques et magnétiques.

électron : particule à charge électrique négative présente dans tous les atomes.

élément : la plus simple des substances susceptible d'intervenir dans des réactions chimiques.

énergie : ce que possède un système s'il est capable de produire du travail.

énergie solaire : énergie provenant du Soleil.

fission nucléaire : réaction nucléaire concernant un gros noyau d'atome lourd qui éclate en libérant une grande quantité d'énergie.

four solaire : type de capteur par concentration qui reflète sur une cible minuscule l'énergie solaire captée par une grande surface afin de créer de très hautes températures.

foyer : point de convergence des rayons lumineux réfléchis par un miroir concave ou réfractés par une lentille.

fusion nucléaire : réaction nucléaire concernant de petits noyaux nucléaires légers qui entrent en collision à si grande vitesse qu'ils s'unissent et dégagent une énorme quantité d'énergie.

hectare : une surface de 10 000 m^2.

héliostat : miroir qui tourne et s'incline automatiquement pour suivre la course du Soleil dans le ciel.

hélium : élément formé dans les étoiles par la fusion d'atomes d'hydrogène.

hydrogène : le plus léger de tous les éléments et le plus répandu dans l'univers.

infrarouges : ondes électromagnétiques invisibles qui transfèrent la chaleur des objets sous forme de radiation.

joule : unité d'énergie ou de travail qui porte le nom du scientifique anglais James Joule (1818 -1889).

kilowatt : unité de puissance électrique égale à 1000 watts.

kilowattheure : unité d'énergie qui équivaut à la production de 1000 watts de puissance électrique pendant une heure ou à 3,6 millions de joules.

méga- : préfixe signifiant un million.

micro-ondes : ondes radio utilisées pour la cuisine et pour envoyer des signaux entre la Terre et des satellites artificiels.

noyau : partie centrale de l'atome formée de protons et de neutrons.

photon : corpuscule, porteur d'énergie, dont le flux constitue le rayonnement électromagnétique.

photosynthèse : réactions chimiques qui, chez les plantes vertes, convertissent la lumière du Soleil en énergie chimique nécessaire à la croissance.

photopile : dispositif qui convertit directement la lumière solaire en électricité.

puissance : quantité de travail fournie par seconde ou quantité d'énergie transférée par seconde.

proton : particule à charge électrique positive qui se trouve dans le noyau, au centre de l'atome.

réchauffement de la planète : hausse de la température de l'atmosphère terrestre qui peut être le résultat de l'accumulation de gaz (tels que le dioxyde de carbone) qui sont émis par les centrales thermiques, les usines et les voitures et qui retiennent l'énergie solaire.

recyclage : fait de réutiliser des matériaux au lieu de les jeter.

semi-conducteur : matériau dont la conductibilité est intermédiaire entre celle des isolants et celle des métaux.

silicium : élément semi-conducteur utilisé dans la fabrication des cellules solaires et des puces électroniques.

ultraviolets : ondes électromagnétiques invisibles qui se situent au-delà du violet dans l'arc-en-ciel.

uranium : élément lourd utilisé comme combustible dans les réacteurs nucléaires.

vent solaire : courant de particules en provenance du Soleil.

watt : unité de puissance équivalente à un joule de travail par seconde.

POUR EN SAVOIR PLUS

Livres à lire

L'énergie solaire,
M. Spence et M. De Visscher
coll. Le monde qui nous entoure,
Gamma.

La chaleur et l'énergie,
Nigel Hawkes
coll. Flash Info,
Gamma.

L'énergie,
Nigel Hawkes, Jean-Noël Chatain
coll. Technologie du futur,
Gamma.

Puissance et consommation d'énergie

La puissance est la quantité de travail fournie par unité de temps, ou la quantité d'énergie transférée par seconde. Elle se mesure en joules par seconde (J/s), ou watts (W). Un fer à repasser électrique a besoin de 1000 watts pour fonctionner, alors qu'une une radio portable ne consomme que de 10 watts. L'énergie nécessaire pour faire fonctionner une radio pendant une heure ne ferait fonctionner le fer que pendant six minutes parce que le fer consomme l'énergie dix fois plus vite que la radio. L'illustration de droite compare la production d'une centrale électrique avec les besoins en consommation d'une maison d'habitation, puis d'appareils ménagers.

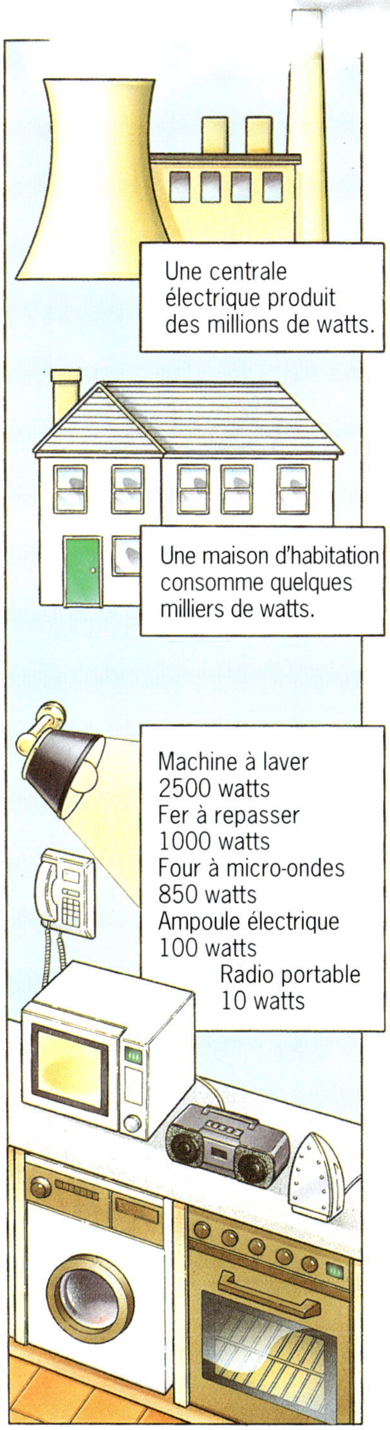

INDEX